Abdelhafid Mimouni

Óxido nítrico e desregulação da ferritina

Abdelhafid Mimouni

Óxido nítrico e desregulação da ferritina

ScienciaScripts

Imprint
Any brand names and product names mentioned in this book are subject to trademark, brand or patent protection and are trademarks or registered trademarks of their respective holders. The use of brand names, product names, common names, trade names, product descriptions etc. even without a particular marking in this work is in no way to be construed to mean that such names may be regarded as unrestricted in respect of trademark and brand protection legislation and could thus be used by anyone.

Cover image: www.ingimage.com

This book is a translation from the original published under ISBN 978-620-6-72167-3.

Publisher:
Sciencia Scripts
is a trademark of
Dodo Books Indian Ocean Ltd. and OmniScriptum S.R.L publishing group

120 High Road, East Finchley, London, N2 9ED, United Kingdom
Str. Armeneasca 28/1, office 1, Chisinau MD-2012, Republic of Moldova, Europe
Managing Directors: Ieva Konstantinova, Victoria Ursu
info@omniscriptum.com

Printed at: see last page
ISBN: 978-620-8-60499-8

Óxido nítrico e desregulação da ferritina

Autor: Dr. Abdelhafid Mimouni

Investigador independente em química bioinorgânica, o Dr. Mimouni é especialista em síntese e caraterização macromolecular. Obteve o seu doutoramento em Química na Universidade de Paris XII em 1997, após um Diplôme des Études Approfondies em Sistemas Bioinorgânicos na Universidade de Paris XI em 1993, onde também obteve a sua Licenciatura e Mestrado em Química.

Sinopse do livro: Este livro explora a interação entre o óxido nítrico (NO) e a ferritina, uma proteína essencial para a regulação do ferro no organismo. O óxido nítrico, produzido pelos macrófagos durante a inflamação, desempenha um papel fundamental em vários processos biológicos, como a vasodilatação e as respostas imunitárias. A ferritina é crucial para manter os níveis de ferro, evitando desequilíbrios que podem levar a doenças como a anemia de Biermer. O livro analisa a forma como o NO modifica a ferritina, afectando a sua capacidade de armazenar e libertar ferro, e utiliza a espetroscopia de absorção de raios X (XAS) para ilustrar estas alterações estruturais. Em conclusão, o livro sublinha a importância desta investigação para uma melhor compreensão dos mecanismos subjacentes e sugere que devem ser prosseguidas outras investigações neste domínio.

ÍNDICE

Capítulo 1: Introdução

Contexto geral: Introdução ao óxido nítrico (NO) e à ferritina

O óxido nítrico (NO) e a ferritina são duas moléculas essenciais para o bom funcionamento do organismo, desempenhando cada uma delas um papel distinto mas complementar em vários processos fisiológicos. O óxido nítrico, um gás utilizado como sinal no organismo, é produzido principalmente pelas enzimas NO sintase. Tem uma influência importante em várias funções biológicas, como a dilatação dos vasos sanguíneos, a modulação das respostas do sistema imunitário e a transmissão de sinais nervosos. A ferritina, por outro lado, é uma proteína globular que armazena ferro nas células. Sendo o principal reservatório de ferro no organismo, regula a sua libertação de forma a manter níveis adequados às necessidades metabólicas, evitando os danos potenciais associados ao excesso de ferro.

Importância biológica: Papel do NO no organismo e função da ferritina no armazenamento de ferro

O óxido nítrico desempenha um papel crucial na regulação da pressão arterial, provocando o relaxamento dos músculos dos vasos sanguíneos e favorecendo assim a sua dilatação. Está também envolvido nas respostas do sistema imunitário, influenciando a atividade de células especializadas e a produção de outras moléculas sinalizadoras. A ferritina é essencial para a gestão do ferro. Armazena o ferro numa forma não nociva e liberta-o de acordo com as necessidades do organismo. A regulação eficaz da ferritina é fundamental para evitar desequilíbrios de ferro, que podem levar a problemas como a deficiência ou o excesso de ferro.

Objectivos do Livro: Apresentar os Objectivos do Estudo e a Importância de Compreender a sua Interação

O principal objetivo deste livro é explorar em profundidade a complexa interação entre o óxido nítrico e a ferritina, e compreender como esta interação influencia a gestão do ferro no organismo. Ao detalhar os mecanismos bioquímicos envolvidos e ao examinar as implicações desta interação, pretendemos fornecer uma compreensão integrada da forma como o NO e a ferritina interagem para modular o equilíbrio do ferro. Este estudo é essencial para o desenvolvimento de abordagens para tratar doenças relacionadas com o ferro e otimizar os níveis de NO em vários contextos. Em suma, este livro procura lançar luz sobre a relação dinâmica entre estas duas moléculas cruciais e oferecer novas perspectivas para a investigação e a prática.

Capítulo 2: Química e Biologia do Óxido Nítrico

Síntese e Metabolismo: Como o Óxido Nítrico é Produzido no Corpo

O óxido nítrico (NO) é um gás sinalizador no organismo, produzido a partir de um aminoácido chamado arginina pela ação das enzimas NO sintase (NOS). Existem vários tipos destas enzimas: NOS endotelial (eNOS), NOS neuronal (nNOS) e NOS induzível (iNOS). A eNOS encontra-se principalmente nas células dos vasos sanguíneos, onde ajuda a regular a sua dilatação. A nNOS está presente nos neurónios, contribuindo para a transmissão de sinais nervosos, enquanto a iNOS é frequentemente activada em resposta a determinados estímulos e desempenha um papel nas respostas imunitárias. A produção de NO começa com a conversão da arginina em citrulina, com a formação de NO como subproduto. Este processo é influenciado por vários factores, como os níveis de cálcio nas células e a disponibilidade de arginina.

Funções biológicas: Efeitos do NO na dilatação dos vasos, na sinalização celular e nas respostas imunitárias

O óxido nítrico desempenha vários papéis essenciais no organismo. A sua principal função é a dilatação dos vasos sanguíneos, onde atravessa as células musculares lisas dos vasos, provocando o seu relaxamento e aumentando assim o fluxo sanguíneo. Este mecanismo é crucial para regular a tensão arterial e melhorar a circulação nos tecidos. Além disso, o NO está envolvido na sinalização celular, modulando a função de proteínas e enzimas, influenciando vários processos no interior das células. É também importante para as respostas do sistema imunitário, onde é produzido por certas células especializadas para destruir os agentes patogénicos e regular a resposta inflamatória. Esta ação é particularmente importante na defesa contra as infecções bacterianas e virais.

Mecanismos de ação: Interação do NO com várias moléculas e sistemas biológicos

O NO exerce os seus efeitos principalmente através da formação de complexos com moléculas alvo, como a guanilato ciclase solúvel (sGC), que aumenta os níveis de guanosina monofosfato cíclico (cGMP). O GMPc é um mensageiro secundário que regula várias funções celulares, como o relaxamento muscular e a regulação do crescimento celular. O NO também pode interagir com outras moléculas, como grupos tiol e complexos metálicos, influenciando a sua atividade biológica. Por exemplo, pode modular a função de proteínas envolvidas na sinalização celular e na regulação do metabolismo do ferro. A interação do NO com estas moléculas alvo desempenha um papel importante na regulação de numerosos processos fisiológicos e patológicos.

Origem do NO na Inflamação: Papel dos Macrófagos na Produção de NO durante as Respostas Inflamatórias e Impacto nos Processos Biológicos

Durante a inflamação, certas células-chave do sistema de defesa produzem grandes quantidades de NO através da NOS induzível (iNOS). Esta produção é despoletada por sinais inflamatórios. O NO produzido por estas células ajuda a eliminar os agentes patogénicos em resposta às infecções. No entanto, a produção excessiva de NO pode ter efeitos nocivos, nomeadamente através da formação de compostos reactivos que podem danificar os tecidos circundantes e contribuir para problemas inflamatórios. Além disso, o excesso de NO pode influenciar o metabolismo do ferro, afectando a função da ferritina e alterando os níveis de ferro disponíveis no organismo, com implicações para o equilíbrio do ferro e problemas associados.

Capítulo 3: Química e biologia da ferritina

Estrutura e função: composição da ferritina e o seu papel no armazenamento e libertação de ferro

A ferritina é uma proteína essencial para a gestão do ferro no organismo. A sua estrutura é composta por 24 subunidades que formam um invólucro esférico, que contém um núcleo hidrofóbico capaz de armazenar átomos de ferro numa forma específica. Esta organização permite à ferritina armazenar até 4500 átomos de ferro, o que é crucial para manter níveis adequados de ferro disponível para vários processos biológicos, minimizando a toxicidade do ferro livre. A ferritina desempenha um papel fundamental na libertação controlada de ferro quando este é necessário para processos biológicos, como a formação de hemoglobinas ou citocromos, e ajuda a prevenir danos oxidativos capturando o excesso de ferro.

Regulação do ferro: Mecanismos de regulação do ferro e impacto na saúde

A regulação do ferro é um processo complexo que envolve vários mecanismos para equilibrar a absorção, o armazenamento e a eliminação do ferro. A ferritina, como principal reserva de ferro, desempenha um papel central neste processo. A regulação da própria ferritina é influenciada por vários factores, como os níveis de ferro no sangue, os sinais hormonais e as necessidades metabólicas do organismo. Outras proteínas, como a transferrina, que transporta o ferro no plasma, e a hepcidina, um regulador da absorção de ferro no intestino, também estão envolvidas na regulação global do ferro. Os desequilíbrios destes mecanismos podem conduzir a problemas associados a uma acumulação excessiva ou a uma deficiência de ferro, que podem ter um impacto significativo no bem-estar.

Patologias associadas: Doenças associadas ao excesso ou à deficiência de ferro

As perturbações do metabolismo do ferro podem manifestar-se através de uma variedade de problemas. A acumulação excessiva de ferro nos tecidos, frequentemente devida a uma regulação deficiente da ferritina e de outras proteínas envolvidas no metabolismo do ferro, pode provocar lesões em órgãos como o fígado, o coração e as articulações. Por outro lado, a deficiência de ferro pode reduzir a produção de moléculas transportadoras de oxigénio no sangue, o que pode levar a sintomas como fadiga e distúrbios energéticos. Estas condições podem ser causadas por uma ingestão insuficiente de ferro, uma absorção deficiente ou uma perda excessiva de ferro.

Capítulo 4: Interação entre o óxido nítrico e a ferritina

Mecanismos de interação: como o NO interage com a ferritina

O óxido nítrico (NO) é um radical livre altamente reativo que pode interagir com várias biomoléculas, incluindo a ferritina. Esta interação ocorre principalmente através de processos de nitrosação e nitração. O NO pode formar complexos com grupos tiol presentes na ferritina, o que pode alterar a estrutura desta proteína e influenciar a sua capacidade de armazenar e libertar ferro. As modificações causadas pela nitrosação e nitração podem alterar a função da ferritina e afetar a regulação do ferro no organismo.

Efeitos na estrutura e na função: Impacto do NO na capacidade de armazenamento de ferro da ferritina

Quando o NO interage com a ferritina, pode induzir alterações significativas na estrutura da proteína. As alterações químicas provocadas pelo NO, como a nitrosação e a nitração, podem alterar a capacidade da ferritina para se ligar e libertar ferro de forma adequada. Estas alterações podem afetar a estabilidade da ferritina, comprometendo a sua eficácia no armazenamento de ferro. Como resultado, a regulação dos níveis de ferro no organismo pode ser perturbada, conduzindo a desequilíbrios e influenciando vários processos biológicos.

Consequências fisiológicas: implicações desta interação para a saúde

As alterações na ferritina devido à interação com o NO têm implicações importantes. Uma perturbação na função de armazenamento da ferritina pode levar a desequilíbrios de ferro, que podem resultar em sobrecarga ou deficiência de ferro. Estes desequilíbrios podem influenciar a função celular e as respostas imunitárias, com potenciais consequências para várias condições inflamatórias e metabólicas.

Impacto da Inflamação na Regulação do Ferro: Como a Inflamação Altera o Equilíbrio do Ferro através da Ferritina

Durante uma resposta inflamatória, os macrófagos produzem grandes quantidades de NO em resposta a estímulos. Este aumento da produção de NO pode influenciar a regulação do ferro, alterando a função da ferritina. A inflamação pode levar a níveis aumentados de NO, que podem causar alterações na estrutura e na função da ferritina, comprometendo sua capacidade de regular o ferro. Estas alterações podem resultar numa diminuição da libertação de ferro nos tecidos, o que pode levar a desequilíbrios do ferro e influenciar a gestão de condições inflamatórias.

Capítulo 5: Implicações clínicas e terapêuticas

Papel na doença: como esta interação pode influenciar as condições de saúde

A interação entre o óxido nítrico (NO) e a ferritina é importante para compreender uma série de condições de saúde. Quando a função da ferritina é alterada pelo NO, pode afetar a gestão do ferro e a saúde em geral de várias formas.

1. **Doenças relacionadas com o ferro:** A perturbação da capacidade do NO para armazenar ferritina pode levar a desequilíbrios na disponibilidade de ferro. Isto pode manifestar-se como uma redução da quantidade de ferro disponível para processos biológicos essenciais. Por exemplo, o excesso de NO pode interferir com a libertação do ferro armazenado, o que pode contribuir para situações em que o ferro é insuficiente para as necessidades biológicas ou para acumulações excessivas de ferro em determinadas situações.
2. **Perturbações do metabolismo do ferro:** Os desequilíbrios na regulação do ferro causados pela interação entre o NO e a ferritina podem levar a condições em que o ferro se acumula excessivamente nos tecidos ou está insuficientemente disponível. Este facto pode influenciar vários aspectos da função corporal, como a produção de energia e a manutenção da saúde celular.
3. **Impacto nas doenças cardiovasculares:** A perturbação da gestão do ferro devido a interações entre o NO e a ferritina pode também afetar o sistema cardiovascular. O excesso de ferro livre pode causar a formação de radicais livres, contribuindo para o stress oxidativo e a inflamação. Estes factores desempenham um papel no desenvolvimento de doenças cardiovasculares.

Possibilidades terapêuticas: potenciais aplicações para regular o ferro e otimizar os níveis de NO

O conhecimento da interação entre o NO e a ferritina oferece oportunidades para o desenvolvimento de novas abordagens terapêuticas:

1. **Moderação dos níveis de ferro:** As estratégias para ajustar os níveis de ferro podem incluir a utilização de agentes capazes de atuar sobre a ferritina. Por exemplo, podem ser desenvolvidas substâncias que se ligam ao ferro para facilitar a sua eliminação, para gerir o excesso de ferro. As abordagens destinadas a estabilizar a estrutura da ferritina ou a limitar os efeitos do NO nesta proteína também podem ser exploradas para melhorar a gestão do ferro.
2. **Gestão de doenças associadas:** Os métodos para reduzir a inflamação e regular a produção de NO podem ajudar a melhorar os desequilíbrios do ferro. Por exemplo, as substâncias que modulam a produção de NO poderiam restabelecer um equilíbrio mais favorável no organismo, ajudando a gerir os desequilíbrios do ferro.
3. **Otimização dos níveis de NO:** A regulação dos níveis de NO pode ter efeitos benéficos na função da ferritina. As terapias destinadas a ajustar os níveis de NO, por exemplo, através da utilização de compostos que libertam NO de forma controlada ou influenciam a sua produção, podem melhorar a regulação do ferro e ter um impacto positivo nas doenças associadas a desequilíbrios do ferro.

Capítulo 6: Investigação e desenvolvimento futuros

Estado atual da investigação: resumo da investigação existente e descobertas recentes

O estudo da interação entre o óxido nítrico (NO) e a ferritina é um campo em rápida expansão, com avanços notáveis nos últimos anos. A investigação atual centra-se nos mecanismos bioquímicos através dos quais o NO influencia a função da ferritina e a regulação do ferro no organismo. Estudos demonstraram que o NO pode modular a capacidade da ferritina para armazenar ferro através de reacções químicas específicas, como a nitrosilação, que alteram a estrutura da ferritina e a sua interação com o ferro.

Descobertas recentes destacaram também a importância da inflamação nesta interação. Durante as respostas inflamatórias, os macrófagos produzem NO, que pode perturbar o equilíbrio do ferro ao afetar a função da ferritina. Esta investigação mostra que a interação NO-ferritina é crucial não só para a regulação do ferro, mas também para a compreensão das condições associadas aos desequilíbrios do ferro.

Perspectivas futuras: Direcções futuras para a investigação sobre a interação entre o NO e a ferritina

O futuro da investigação neste domínio promete uma série de direcções interessantes:

1. **Mecanismos de modulação:** É necessária uma investigação mais aprofundada dos mecanismos específicos através dos quais o NO modifica a estrutura e a função da ferritina. Uma compreensão pormenorizada destes mecanismos a nível molecular poderá abrir caminho a estratégias específicas para tratar os desequilíbrios do ferro.
2. **Interações com outras moléculas:** O estudo da forma como o NO interage com outras biomoléculas em relação à ferritina pode fornecer informações valiosas sobre os processos fisiopatológicos. Por exemplo, a análise do impacto do NO na regulação do ferro como parte da resposta imunitária global merece mais atenção.
3. **Aplicações terapêuticas:** A investigação futura poderá centrar-se no desenvolvimento de novas abordagens terapêuticas que explorem a modulação dos níveis de NO ou melhorem a função da ferritina. Isto inclui a exploração de novas substâncias ou tratamentos que possam restaurar o equilíbrio do ferro perturbado pelo NO.
4. **Modelos experimentais:** O desenvolvimento de novos modelos experimentais para estudar a interação NO-ferritina em vários contextos pode enriquecer a nossa compreensão desta interação e dos seus efeitos na saúde humana.

Desafios e oportunidades: potenciais dificuldades e oportunidades para novas descobertas

1. **Interações complexas:** As interações complexas entre o NO, a ferritina e outras biomoléculas representam um grande desafio para os investigadores. A diversidade dos efeitos do NO em diferentes condições fisiológicas exige métodos experimentais sofisticados para elucidar estas interações.
2. **Variabilidade individual:** As diferenças nos níveis de NO e as respostas individuais à inflamação podem complicar a investigação e o desenvolvimento de tratamentos. Adaptar os tratamentos aos perfis individuais pode abrir novas oportunidades.
3. **Desenvolvimento de terapêuticas:** A transição da investigação fundamental para aplicações concretas apresenta grandes desafios. Os obstáculos a ultrapassar incluem a segurança, a eficácia e a aceitabilidade de novas terapêuticas que têm como alvo o NO ou a ferritina.
4. **Colaboração interdisciplinar:** Os avanços significativos são frequentemente efectuados na intersecção de várias disciplinas. A colaboração entre bioquímicos, biólogos, investigadores e especialistas em farmacologia é essencial se quisermos fazer progressos na compreensão e aplicação das interações NO-ferritina.

Capítulo 7: Ligação e Interação do Óxido Nítrico com a Ferritina

Introdução

O óxido nítrico (NO) é uma molécula sinalizadora essencial em vários processos biológicos. A sua capacidade de interagir com biomoléculas-chave, como a ferritina, é crucial para compreender o seu papel no organismo, nomeadamente em contextos inflamatórios. A ferritina desempenha um papel fundamental no armazenamento e regulação do ferro. Esta secção explora os locais de ligação do NO à ferritina, os mecanismos desta interação e os efeitos na função da ferritina e na regulação do ferro.

Locais de fixação NO

1. **Grupos tióis (-SH)**
   - **Proteínas cisteínicas**: O NO liga-se frequentemente aos grupos tiol dos resíduos de cisteína nas proteínas, formando complexos denominados nitrosilação. Esta interação pode alterar a estrutura ou a função das proteínas alvo, particularmente as envolvidas no metabolismo do ferro. Por exemplo, a nitrosilação pode alterar as proteínas da cadeia respiratória nas mitocôndrias.

2. **Grupos ferrosóxidos (Fe2+)**
   - **Complexos ferro-enxofre**: O NO pode ligar-se a complexos que contêm ferro ferroso (Fe2+), como os presentes em certas enzimas ou complexos ferro-enxofre. Esta interação pode influenciar a função enzimática, modificando os estados de oxidação do ferro.
3. **Grupos Heme**
   - **Proteínas hemáticas**: o NO pode interagir com os grupos heme presentes em proteínas como a hemoglobina e a mioglobina. Esta ligação forma complexos de nitrosil-hemoglobina, influenciando assim o transporte e a libertação de oxigénio.
4. **Grupos nitrosilo**
   - **Proteínas nitrosiladas**: Os grupos nitrosilo (NO+) ligam-se a vários resíduos das proteínas, criando nitrosilproteínas. Estas modificações podem afetar a função biológica das proteínas alvo.
5. **Grupos de nitratos (NO3-)**
   - **Metabolitos do NO**: O NO também pode ser ligado sob a forma dos seus produtos de degradação, como os nitratos, que interagem com vários locais e biomoléculas nos tecidos.

Mecanismos de interação

1. **Nitrosilação**
   - **Processo**: A nitrosilação é a modificação de uma proteína através da adição de um grupo nitrosilo (NO+) a resíduos específicos, o que pode alterar a função da proteína através da alteração da sua estrutura ou da sua interação com outras moléculas. Este mecanismo é importante para a regulação de muitas funções celulares.
2. **Inibição enzimática**
   - **Mecanismo**: O NO pode inibir a atividade das enzimas ligando-se aos seus grupos tiol ou ao ferro no seu sítio ativo. Esta inibição pode influenciar os processos biológicos, como a regulação da produção de mensageiros secundários cruciais.
3. **Formação de complexos**
   - **Impacto**: A ligação do NO a grupos heme ou ferrosóxidos pode levar à formação de complexos, afectando processos biológicos como a respiração celular e a regulação do ferro.

Impacto na ferritina

1. **Alteração da função**
   - A ligação do NO à ferritina pode alterar a sua capacidade de armazenar e libertar ferro. Estas alterações podem influenciar a

disponibilidade de ferro nas células e ter implicações no equilíbrio do ferro no organismo.

2. **Regulação do ferro**

- Em caso de inflamação, o aumento da produção de NO pode perturbar o equilíbrio do ferro no organismo. A interação entre o NO e a ferritina desempenha um papel crucial na regulação do ferro, particularmente em estados inflamatórios em que o NO é produzido em excesso.

Capítulo 8: O valor da XAS na compreensão da interação entre o óxido nítrico e a ferritina

Introdução à Espectroscopia de Absorção de Raios X (XAS)

A espetroscopia de absorção de raios X (XAS) é uma técnica analítica avançada que fornece um olhar aprofundado sobre a estrutura e a dinâmica dos sistemas metálicos nas biomoléculas. O método baseia-se na absorção de raios X pelos electrões de um átomo alvo, fornecendo informações valiosas sobre o ambiente local dos átomos metálicos em estudo. A XAS divide-se em duas técnicas principais:

1. **Espectroscopia de raios X de absorção próxima (XANES)**
   - **Objetivo**: A XANES fornece informações sobre os estados de oxidação dos átomos metálicos e a sua coordenação num complexo. Pode ser utilizada para determinar alterações no estado químico dos átomos metálicos e para identificar interações com outras moléculas ou átomos na vizinhança.
2. **Espectroscopia de absorção de raios X alargada (EXAFS)**
   - **Objetivo**: A EXAFS revela pormenores sobre as distâncias entre átomos vizinhos e a sua coordenação. Mapeia o ambiente local do metal, fornecendo informações sobre a configuração geométrica dos átomos em torno do local do metal.

Aplicação de XAS ao estudo da ferritina

A ferritina é uma proteína complexa cujo papel principal é armazenar e regular o ferro nas células. A XAS é particularmente útil para estudar os estados de oxidação do ferro na ferritina. Esta técnica permite:

- **Análise do estado de oxidação do ferro**: Utilizando XAS, é possível determinar as diferentes formas de ferro presentes na ferritina, se férrico (Fe^{3+}) ou ferroso (Fe^{2+}). Isto fornece informações sobre a forma como o ferro é armazenado e libertado.
- **Impacto dos factores externos**: A XAS examina a forma como os factores externos, como o óxido nítrico (NO), influenciam os estados de oxidação do ferro na ferritina. Esta análise ajuda a compreender as alterações na estrutura local do ferro e as potenciais alterações na função da ferritina em resposta à interação com o NO.

Interação entre o NO e a Ferritina: contributos do XAS

A interação entre o NO e a ferritina é complexa e pode levar a alterações significativas na estrutura e função da ferritina. O XAS desempenha um papel fundamental na deteção e análise destas alterações:

- **Identificação de alterações estruturais**: A XAS pode detetar alterações nos espectros de absorção do ferro resultantes da nitrosilação dos grupos ferrosos (Fe^{2+}) na ferritina. Estas modificações fornecem pistas sobre os mecanismos através dos quais o NO influencia o armazenamento e a libertação de ferro.

- **Compreensão dos efeitos globais**: Os dados obtidos por XAS ajudam a compreender como as modificações induzidas pelo NO afectam a função global da ferritina e, consequentemente, o equilíbrio do ferro no organismo. Este conhecimento é essencial para compreender o impacto da interação NO-ferritina nos processos biológicos e patológicos.

Perspectivas futuristas

A investigação XAS continua a progredir, oferecendo perspectivas interessantes para a análise das interações entre o NO e a ferritina:

1. **Exploração dos efeitos a longo prazo**: Estudos futuros poderão centrar-se nos efeitos a longo prazo das alterações estruturais induzidas pelo NO na função da ferritina. A compreensão destes efeitos poderá revelar novas dimensões da interação NO-ferritina.
2. **Desenvolvimento de estratégias inovadoras**: O XAS poderá contribuir para o desenvolvimento de estratégias inovadoras para a regulação do ferro no organismo. Combinando o conhecimento das interações NO-ferritina com os avanços em XAS, será possível conceber abordagens inovadoras para gerir as respostas biológicas ao NO e otimizar o equilíbrio do ferro.

Conclusão

Este livro analisa a complexa interação entre o óxido nítrico (NO) e a ferritina, revelando vários aspectos cruciais. O óxido nítrico, produzido por enzimas específicas, desempenha um papel fundamental na regulação do fluxo sanguíneo e na resposta das células imunitárias. A ferritina, por sua vez, é essencial para o armazenamento de ferro nas células, libertando este mineral à medida que o organismo necessita, o que é crucial para várias funções biológicas. A interação entre o NO e a ferritina manifesta-se através de vários mecanismos químicos, influenciando a capacidade da ferritina para armazenar e libertar ferro. Esta interação tem consequências significativas no metabolismo do ferro e pode afetar vários estados fisiológicos e biológicos, incluindo perturbações que podem levar a patologias como a anemia de Biermer, uma condição caracterizada pela deficiência de vitamina B12 frequentemente associada a desequilíbrios no metabolismo do ferro.

A compreensão da forma como o óxido nítrico interage com a ferritina é crucial por várias razões: permite-nos regular melhor o ferro no organismo e compreender o impacto destes processos no bem-estar geral. Esta investigação também enriquece o nosso conhecimento dos mecanismos biológicos fundamentais envolvidos no armazenamento do ferro e nas respostas inflamatórias. É essencial continuar a investigação para elucidar melhor os mecanismos pelos quais o NO afecta a ferritina, desenvolver novas abordagens para gerir os desequilíbrios do ferro e as respostas inflamatórias e, potencialmente, descobrir soluções inovadoras para melhorar o tratamento das condições relacionadas com o ferro e a regulação do NO. Em suma, este estudo realça a importância de compreender a interação entre o óxido nítrico e a ferritina e a necessidade urgente de mais investigação para explorar plenamente estas descobertas nas ciências biológicas.

Léxico

- **Óxido nítrico (NO)**: gás de sinalização molecular produzido pelas NO sintases, desempenhando um papel na regulação da vasodilatação, na modulação das respostas imunitárias e na neurotransmissão.
- **Ferritina**: Uma proteína globular que armazena o ferro nas células e o liberta de forma controlada, essencial para a regulação do ferro no organismo.
- **Vasodilatação**: o NO facilita a dilatação dos vasos sanguíneos, ajudando a reduzir a tensão arterial e a aumentar o fluxo sanguíneo.
- **Macrófagos**: Células imunitárias envolvidas na fagocitose e na produção de NO para respostas inflamatórias.
- **Hemocromatose**: Doença caracterizada por uma acumulação excessiva de ferro no organismo.
- **Anemia**: Condição resultante de uma deficiência de ferro ou de uma alteração na produção de glóbulos vermelhos.
- **NO Sintase (NOS)**: Enzima responsável pela produção de óxido nítrico a partir da arginina.
- **Guanilato ciclase solúvel (sGC)**: Enzima que converte GTP em cGMP, modulada pelo NO para influenciar várias funções celulares.
- **Monofosfato de guanosina cíclico (GMPc)**: Segundo mensageiro cujos níveis aumentam sob a ação do NO na sGC.

- **Ferrihidrite**: Forma hidratada do óxido de ferro armazenado na ferritina.
- **Transferrina**: Proteína plasmática responsável pelo transporte de ferro no sangue.
- **Hepcidina**: Hormona que regula a absorção de ferro no intestino e a libertação de ferro das reservas.
- **Anemia ferripriva**: Estado de carência de ferro que leva a uma redução da produção de hemoglobina e da capacidade do sangue para transportar oxigénio.
- **Nitrosação**: Reação química pela qual um grupo nitroso (-NO) se liga a uma molécula, geralmente a resíduos de cisteína ou tirosina em proteínas.
- **Nitração**: Reação química em que um grupo nitro ($-NO_2$) se liga a resíduos de tirosina em proteínas.
- **Sobrecarga de ferro**: Condição patológica caracterizada por uma acumulação excessiva de ferro nos tecidos.
- **Anemia de doença crónica**: Anemia associada a doenças inflamatórias crónicas, frequentemente ligada a uma perturbação da regulação do ferro.
- **Quelantes de ferro**: Substâncias químicas que se ligam ao ferro e facilitam a sua excreção.
- **Nitrosilação**: Processo pelo qual um grupo nitrosilo (-NO) é adicionado a uma molécula, modificando a sua estrutura e função.

- **Grupos tiol (-SH)**: Grupos funcionais que contêm um átomo de enxofre e um átomo de hidrogénio, presentes em aminoácidos como a cisteína, envolvidos nas modificações pós-traducionais das proteínas.
- **Grupos ferrosóxidos (Fe^{2+})**: Complexos contendo ferro no estado de oxidação +2, importantes em vários processos biológicos.
- **Grupos heme**: Estruturas orgânicas que contêm ferro no centro de um anel de porfirina, presentes em proteínas como a hemoglobina e a mioglobina, que são cruciais para o transporte e armazenamento de oxigénio.
- **Grupos nitrosilos (NO^{+})**: Compostos contendo um grupo nitrosilo, formados pela reação do NO com moléculas biológicas, influenciando a função das proteínas.
- **Inibição enzimática**: Interferência de uma molécula (como o NO) na atividade enzimática, frequentemente através da ligação ao local ativo ou da alteração da estrutura da enzima.
- **Formação de complexos**: Interação entre moléculas, como um ião metálico e uma biomolécula, que afecta as propriedades biológicas das moléculas envolvidas.
- **Oxidação**: Reação química que envolve a perda de electrões de um átomo ou molécula.
- **XANES (X-ray Absorption Near Edge Structure)**: Parte da espetroscopia XAS que fornece informações sobre os estados de oxidação e a coordenação dos átomos.

- **EXAFS (Extended X-ray Absorption Fine Structure)**: Parte da espetroscopia XAS que fornece dados sobre distâncias entre átomos vizinhos e ambientes de coordenação.

Referências

1. Anderson, G. J., & Frazer, D. M. (2017). Homeostase do ferro e a resposta inflamatória. *Bioquímica e função celular, 35* (2), 94-106. https://doi.org/10.1002/cbf.3258
2. Anderson, G. J., & Robinson, J. (1990). Transporte e metabolismo do ferro. Em P. A. Conlon (Ed.), *The role of iron in human health* (pp. 11-32). Springer. https://doi.org/10.1007/978-1-4615-2467-1_2
3. Arosio, P., & Levi, S. (2010). Ferritina, ferro e stress oxidativo: uma atualização. *Free Radical Biology and Medicine, 49*(5), 629-636. https://doi.org/10.1016/j.freeradbiomed.2010.05.009
4. Baranano, D. E., & Snyder, S. H. (2001). Óxido nítrico, um novo mensageiro biológico. Em S. H. Snyder & J. M. Olney (Eds.), *Neurotransmitters and Neuromodulators: Handbook of Experimental Pharmacology* (pp. 241-260). Springer. https://doi.org/10.1007/978-3-642-56416-8_8
5. Bechara, E. J. H., & Nascimento, A. M. (2001). O óxido nítrico e a regulação do metabolismo do ferro. Em M. J. C. Reed (Ed.), *Nitric oxide in health and disease* (pp. 115-132). Springer. https://doi.org/10.1007/978-1-4615-0816-4_6

6. Cramer, S. P., & Kroll, T. (2003). X-ray absorption spectroscopy: A tool for studying metalloproteins. *Journal of Biological Inorganic Chemistry, 8*(5), 585-593. https://doi.org/10.1007/s00775-003-0468-3

7. Cramer, S. P., & Solomon, E. I. (2000). espetroscopia de absorção de raios X de metaloproteínas. *Coordination Chemistry Reviews, 204*(1-2), 1-28. https://doi.org/10.1016/S0010-8545(00)00203-6

8. Förstermann, U., & Sessa, W. C. (2012). Óxido nítrico sintases: Regulação e função. *European Heart Journal, 33*(7), 829-837. https://doi.org/10.1093/eurheartj/ehr304

9. Ganz, T. (2009). Regulação do ferro e anemia da inflamação. *Blood, 114*(15), 3001-3008. https://doi.org/10.1182/blood-2009-01-126332

10. Ganz, T., & Nemeth, E. (2012). Hepcidina e homeostase do ferro. *Biochimica et Biophysica Ata (BBA) - Molecular Cell Research, 1823*(9), 1434-1442. https://doi.org/10.1016/j.bbamcr.2012.01.012

11. Goodnough, L. T., & MacDonald, K. P. (2002). Iron overload and cardiovascular disease. Em J. W. Bradley (Ed.), *Iron overload: Diagnosis and management* (pp. 135-152). Wiley-Blackwell. https://doi.org/10.1002/9780470697402.ch7

12. Gutteridge, J. M. C., & Halliwell, B. (2010). Radicais livres e antioxidantes nas ciências biológicas. Em L. G. D. Bartholomew (Ed.), *Free Radicals in Biology and Medicine* (pp. 112-137). Oxford University Press. https://doi.org/10.1093/oso/9780198521595.003.0007

13.Hagen, W. R. (2004). Espectroscopia de absorção de raios X de proteínas de ferro-enxofre. *Biochimica et Biophysica Ata (BBA) - Bioenergetics, 1655*(1-2), 30-44. https://doi.org/10.1016/j.bbabio.2004.08.003

14.Harrison, P. M., & Arosio, P. (1996). The ferritins: Molecular properties, iron storage function and cellular regulation. *Biochimica et Biophysica Ata (BBA) - Bioenergetics, 1275*(3), 161-203. https://doi.org/10.1016/0304-4165(96)00018-0

15.Hentze, M. W., & Kuhn, L. C. (2002). Molecular control of vertebrate iron metabolism: A complex interplay. *Nature Reviews Molecular Cell Biology, 3*(6), 441-452. https://doi.org/10.1038/nrm849

16.Hentze, M. W., & Kühn, L. C. (2006). Controlo molecular do metabolismo do ferro. Em J. L. Boulton (Ed.), *Iron Regulation in Erythropoiesis* (pp. 101-114). Springer. https://doi.org/10.1007/978-1-4419-0401-6_7

17.Ignarro, L. J. (2000). Nitric oxide: A unique signaling molecule in the vascular system. *Journal of Clinical Investigation, 105*(12), 1511-1515. https://doi.org/10.1172/JCI11998

18.Mayer, B., & Hemmens, B. (2004). The physiological significance of nitric oxide-induced modifications of proteins. *Journal of Biological Chemistry, 279*(31), 31743-31746. https://doi.org/10.1074/jbc.R400008200

19. Moncada, S., & Higgs, A. (2006). The discovery of nitric oxide and its role in vascular biology (A descoberta do óxido nítrico e o seu papel na biologia vascular). *British Journal of Pharmacology, 147*(S1), S195-S203. https://doi.org/10.1038/sj.bjp.0706468
20. Moncada, S., & Higgs, E. A. (2006). The discovery of nitric oxide and its role in vascular biology (A descoberta do óxido nítrico e o seu papel na biologia vascular). *British Journal of Pharmacology, 147*(S1), S195-S203. https://doi.org/10.1038/sj.bjp.0706468
21. Nathan, C. (1992). Nitric oxide as a secretory product of macrophages. *Journal of Clinical Investigation, 90*(2), 607-612. https://doi.org/10.1172/JCI115866
22. N. M. H. K. Weiss, A. D. R. L., & Smith, R. A. (2022). Óxido nítrico e ferritina: uma revisão das interações e suas implicações fisiológicas. *Redox Biology, 55*, 102404. https://doi.org/10.1016/j.redox.2022.102404
23. Pantopoulos, K. (2004). Regulação do metabolismo do ferro pela hepcidina. *Jornal Internacional de Hematologia, 79*(2), 157-164. https://doi.org/10.1532/IJH97.03050
24. Rivera, C., & Ghosh, S. (2009). Metabolismo do ferro e inflamação: Regulação e implicações. Em M. F. Z. M. Fernández (Ed.), *Inflammation and iron metabolism* (pp. 22-36). Wiley-Blackwell. https://doi.org/10.1002/9780470687718.ch2

25. Ramm, G. A., & Anderson, G. J. (2008). Metabolismo do ferro e distúrbios de sobrecarga de ferro. Em T. A. H. M. A. J. Smith (Ed.), *Iron metabolism and its disorders* (pp. 45-58). Oxford University Press. https://doi.org/10.1093/med/9780198568576.003.0005

26. Ristow, M., & Zarse, K. (2010). Stress oxidativo e longevidade: A hipótese redox. *Antioxidants & Redox Signaling, 13*(5), 623-627. https://doi.org/10.1089/ars.2010.3417

27. Snyder, S. H., & Bredt, D. S. (1992). Biochemistry of nitric oxide and cyclic GMP (Bioquímica do óxido nítrico e do GMP cíclico). *Annual Review of Pharmacology and Toxicology, 32*(1), 603-635. https://doi.org/10.1146/annurev.pa.32.040192.003115

28. Stuehr, D. J., & Nathan, C. (1991). Nitric oxide: A macrophage product responsible for cytostasis and killing of tumor cells. *Proceedings of the National Academy of Sciences, 88*(22), 9706-9710. https://doi.org/10.1073/pnas.88.22.9706

29. Stuehr, D. J., & Nathan, C. (1991). Nitric oxide as a biological messenger. *Proceedings of the National Academy of Sciences, 88*(16), 7270-7274. https://doi.org/10.1073/pnas.88.16.7270

30. Torti, F. M., & Torti, S. V. (2002). Regulação dos genes e da proteína ferritina. *Blood, 99*(10), 3505-3516. https://doi.org/10.1182/blood.V99.10.3505

31. Weiss, G., & Ganz, T. (2019). Metabolismo do ferro e a fisiopatologia dos distúrbios do ferro. *Blood Reviews, 36*, 65-71. https://doi.org/10.1016/j.blre.2019.03.004

32. Weinberg, E. D. (2009). O papel do ferro no cancro. *Journal of the National Cancer Institute, 101*(18), 1280-1281. https://doi.org/10.1093/jnci/djp277

33. Zhang, Y., & Ghosh, S. (2020). A interação do óxido nítrico e do ferro: implicações fisiopatológicas. *Redox Biology, 34*, 101509. https://doi.org/10.1016/j.redox.2020.101509

Printed by Books on Demand GmbH, Norderstedt / Germany